達克比辦案 **8**

驚魂奧運會

物競天擇與適應

文 胡妙芬　圖 柯智元

達克比形象原創 **彭永成**

親子天下

課本像漫畫書 童年夢想實現了

臺灣大學昆蟲系名譽教授、蜻蜓石有機生態農場場長　**石正人**

　　讀漫畫，看卡通，一直是小朋友的最愛。回想小學時，放學回家的路上，最期待的是經過出租漫畫店，大家湊點錢，好幾個同學擠在一起，爭看《諸葛四郎大戰魔鬼黨》，書中的四郎與真平，成了我心目中的英雄人物。我常看到忘記回家，還勞動學校老師出來趕人，當時心中嘀咕著：「如果課本像漫畫書，不知有多好！」

　　拿到【達克比辦案】書稿，看著看著，竟然就翻到最後一頁，欲罷不能。這是一本將知識融入漫畫的書，非常吸引人。作者以動物警察達克比為主角，合理的帶讀者深入動物世界，調查各種動物世界的行為和生態，透過漫畫呈現很多深奧的知識，例如擬態、偽裝、共生、演化等，躍然紙上非常有趣。書中不時穿插「小檔案」和「辦案筆記」等，讓人覺得像是在看CSI影片一樣的精采，而很多生命科學的知識，已經不知不覺進入到讀者腦海中。

　　真是為現代的學生感到高興，有這麼精采的科學漫畫讀本，也期待動物警察達克比，繼續帶領大家深入生物世界，發掘更多、更新鮮的知識。我相信，有一天達克比在小孩的心目中，會像是我小時候心目中的四郎和真平一般。

　　我幼年期待的夢想：「如果課本像漫畫書」，真的是實現了！

從故事中學習科學研究的方法與態度

臺灣大學森林環境暨資源學系教授與國際長　**袁孝維**

　　【達克比辦案】系列漫畫圖書趣味橫生，將課堂裡的生物知識轉換成幽默風趣的漫畫。主角是一隻可以上天下海、縮小變身的動物警察達克比，他以專業辦案手法，加上偶然出錯的小插曲，將不同的動物行為及生態知識，用各個事件發生的方式一一呈現。案件裡的關鍵人物陸續出場，各個角色之間互動對話，達克比抽絲剝繭，理出頭緒，還認真的寫了「我的辦案心得筆記」。書裡傳達的不僅是知識，而是藉由說故事的過程，教導小朋友如何擬定假說、邏輯思考、比對驗證等科學研究方法與態度。不得不佩服作者由故事發想、構思、布局，再藉由繪者的妙手，生動活潑呈現的高超境界了。

　　作者是我臺大動物所的學妹胡妙芬，有豐厚的專業背景，因此這一系列的科普漫畫書，添加趣味性與擬人化，讓小朋友在開心快樂的閱讀氛圍裡，獲得正確的科學知識，在大笑之餘，收穫滿滿。

從最有趣的漫畫中學到最有趣的科學

中正大學通識教育中心特聘教授與教務長、「科學傳播教育研究室」主持人 **黃俊儒**

　　許多科學家在回顧自己的研究生涯時，經常會提到小時候受到哪些科學讀物的關鍵影響，其中不乏精采的小說、電影或漫畫。流行文化文本對於讀者所產生的潛移默化作用，可能遠比我們所能想像的更深更遠。

　　過往的年代，小朋友看漫畫會被長輩斥責是在看「尪仔冊」，意思就是內容比較不正經。但是這個年代卻大大的不一樣，透過漫畫傳遞知識成為一個重要的顯學，因為漫畫可以將許多抽象的科學知識具體化，讓科學理論、數學符號、原理算式都變得栩栩如生、躍然紙上。此外，透過情節的鋪陳，更可以讓讀者拉近科學知識與生活情境之間的關係。

　　「有趣」是學習過程中一件很重要的事，看達克比一邊辦案一邊抖出各種動物的祕密，不知不覺就學到許多生物的知識。在孩童開始接受嚴肅的教科書洗禮之前，如果有機會從最有趣的漫畫中學到最有趣的科學，相信他們一定可以跟這些知識保持一輩子的好關係！

奇蹟不斷發生的科學書——【達克比辦案】系列

資深國小老師、教育部 101 年度閱讀磐石個人獎得主 **林怡辰**

　　從【達克比辦案】第一集出版開始，我在各演講場合，甚至到國外新加坡等地分享時，說到第一推薦的科學叢書，都是【達克比辦案】系列。

　　而後，奇蹟不斷發生：小孩起床無聲無息，爸媽探頭一看，大孩子正在帶弟妹看書，看的就是【達克比辦案】；不愛閱讀的高年級男生，一試成主顧，每天引頸盼望下一集出版，前幾集的內容早就倒背如流；幼兒看不懂字，卻看圖笑得津津有味，央求家長讀文字內容……我心想，這些「師長心中的奇蹟」，應該只是剛開始而已。

　　當這些孩子因為樂趣、喜愛，在輕鬆的漫畫、偵探懸疑的情節中，不斷思考發想，閱讀內容後發現，原來精妙結局是動物和昆蟲等知識，在好奇心和樂趣的推動下，發現原來求知如此有趣：針對未知問題假設、過程思考探究、表格比較異同整理，最後辦案重點呈現。然後之後不斷在各個教科書上，看見曾經熟悉、有更完整脈絡的內容……

　　從第一集動物保護色，到這次第八集物競天擇與適應，這些題目就連課堂上都要花許多時間著墨教學，可【達克比辦案】就有這樣的魔力，在翻開後就停不下來的閱讀中，藉由動物的運動會收到警告信，緊扣奧運會的時事趣味，卻輕鬆帶出天擇、性擇、人擇、共演化的大議題。難的不是講多艱深的知識，而是有趣味、深入淺出將困難的理論概念，用幾格漫畫說得清清楚楚，要忘都難。

　　邀請您，購入【達克比辦案】放在家中，讓孩子時時翻閱，一起見證奇蹟吧！

目錄

鴨嘴獸「達克比」是一個動物警察，
駐守在河邊的小木屋派出所。

達克比的任務裝備

達克比，游河裡，上山下海，哪兒都去；
有愛心，守正義，打擊犯罪，他跑第一。

猜猜看，他曾遇到什麼有趣的動物案件呢？

微笑警徽
希望天下太平、世界大同。

嘴
扁嘴巴，沒有牙，
最恨被看做鴨子嘴。

潛水鏡
為了耍帥，隨時戴著。

紅領巾
熱愛紅色，
代表滿腔的熱血。

警用背包
裡面什麼都有，
出門辦案時還能順
便帶乖乖和點心。

生物縮小糖
最新科技，
吃一顆，
身體就能縮小。

霹靂腰帶
水桶腰，繫起來
勉勉強強。

尾巴
又寬又扁，
適合在水中快速游泳。

警棍
用來打擊犯罪，
偶爾也拿來打打棒球。

皮毛
毛皮厚，可防水，
游泳時就像穿著潛水裝。

超迷你大象祖先

請幫我們保守祕密！

啾～

啾～

別讓其他人知道我們的存在……

唉～

為什麼他們吃了縮小糖，卻不會自動恢復原來的大小呢？

呃……會不會因為他們是外星人呢？

因為我發明縮小糖時，是為地球生物設計的。

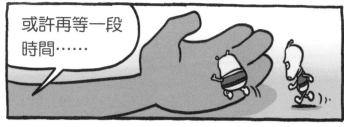

或許再等一段時間⋯⋯

你們就恢復了也說不定喔！

嗯　嗯

你人真好～

沒想到胖鴨子的女朋友這麼溫柔⋯⋯

嫉妒

吱——

吩！吩！

怎麼啦？誰寫信給你？

比上地區……
有日出……

比上地區在哪裡？
日出跟奧運有什麼
關係？

誰知道？

身為警察，我有責任
讓奧運順利進行……

你願意協助我嗎？
美人～

當然，你最帥了！

好！那我喬裝成
現場裁判……

你扮成記者去直播比賽!

至於小博……

我當外星人保姆,留在這裡。

向他們學習地球古生物的知識!

YA!

好,讓我們手牽手、心連心,一起揪出要在奧運搗蛋的壞蛋!

GO!

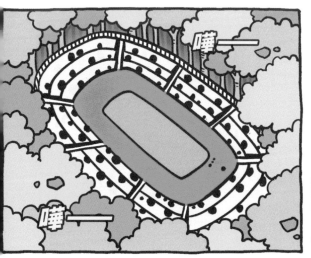

大家注意！奧運舉重比賽，準備開始！

信上說的沒錯，觀眾的表情看起來有點無聊……

非洲象、角雕、北極熊、獨角仙……所有選手請出列！

一、二、三、一……

嘿咻～嘿咻～

舉重選手小檔案

1號選手：非洲象

代表地區：非洲草原

體型：身高 3 ～ 4 公尺
　　　體重 4000 ～ 5000 公斤

特色：
能背負 1250 ～ 1875 公斤的重量。
長鼻子能拔起整棵小樹，
是目前最大也最重的陸地動物。

2號選手：角雕

代表地區：南美洲雨林

體型：翅展 2 公尺
　　　體重 6 ～ 9 公斤

特色：
握力超過 179 公斤，能抓鹿、
水豚、蜘蛛猴或食蟻獸來吃，
是世界上力氣最大的猛禽。

3號選手:北極熊

代表地區：北極冰原

體型：站起來可達 2.5 公尺
　　　　體重 450 公斤

特色：
能用強而有力的熊掌，
一掌打昏 2 噸重的白鯨，
再拉上岸吃掉，是陸地上體型
最大的肉食動物。

4號選手:獨角仙

代表地區：亞洲東部森林

體型：體長 7 公分

特色：
能搬動比自己重 850 倍的物體；
用犄角頂翻對手，讓對手掉到樹底下。

這些選手看起來都好厲害喔，誰能贏得今年的舉重金牌呢？讓我們拭目以待！

現在上場的是
3號選手北極
熊⋯⋯

嚇！看我的～

啊 啊 啊

裁判抱歉，
我想棄權⋯⋯

咚

棄權幹嘛還吼
這麼大聲，想
嚇死誰啊！

：我想回北極打獵，不想在這邊浪費時間。你們應該知道，因為全球暖化的關係，我們北極熊要填飽肚子真的越來越不容易了……

：但是參加奧運是天大的榮譽，怎麼說棄權就棄權，太可惜了！

：一點都不可惜！反正每次的冠軍都是大象！他們天生個子大，我們的力氣怎麼可能比得過他們呢？

：對呀對呀，我也想棄權……

：我也是！

別走啊！你們全部棄權，比賽怎麼辦？

糟糕，大事不妙！舉重比賽陷入危機！

: 我是非洲象的老祖先—始長鼻獸！非洲象，還不趕快敬禮說聲「祖先好」？

: 祖先？我們的祖先早就滅亡了！你這麼小，怎麼可能是我們的祖先？

: 孩子，我是貨真價實的大象祖先！瞧～這張圖是大象的演化過程，我就是那最古老的始祖 ——「始長鼻獸」！

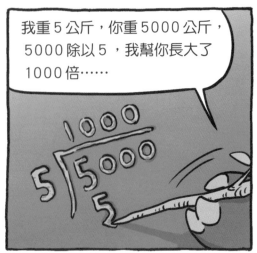

：先等等……他的說法不正確，讓我來說句公道話。請問會有這種情況：「有一個阿公拚命的吃，他的孫子就會長大」嗎？！

：當然不會，是阿公會變成「胖阿公」吧。

：這就對了。象祖先拚命吃東西，只能長高或變胖，並不會「遺傳」給後代。現代大象的體型這麼大，是經過大自然「天擇」的結果，根本不是祖先的功勞。

：呃……這……

什麼是「天擇」？

在生物生存的競爭中，能適應環境的構造或特徵，會「遺傳」給後代，再一代一代的保留下來。相反的，無法適應環境的特徵會漸漸被淘汰，也就是所謂的「適者生存，不適者淘汰」。

謝謝記者幫我說話。

大象是怎麼「變大」的？

　　象的體型原本像貓一樣小。牠們的後代經過「天擇」，體型才逐漸變大。因為巨大的體型有許多優點，像是不容易被捕殺、能吃到高處的葉子，或有更大的力氣抵抗敵人或拔起小樹來吃。

　　當然，體型大也有缺點，像是行動變慢或是需要吃大量的食物。不過只要優點大於缺點，而且能適應當時的自然環境，「體型巨大」這個特徵就會被一代一代的遺傳下去。

1. 遺傳變異

　　動物生下的後代，有可能出現不一樣的特徵，叫做「遺傳變異」。所以，象祖先一開始生出的寶寶也是有大、有小。

老公你看，這孩子就叫「大寶」好了！

哇！是基因突變嗎？

2. 物競天擇

不同的特徵，會影響動物在生存競爭中的成功機會。
例如，體型比較大的象寶寶比較不容易
被捕食而存活下來，體型小的比較
容易被吃掉。

好餓喔，吃哪
隻比較好？

大的不好欺負，
抓小的來吃好了！

3. 適者生存

能夠適應環境挑戰的動物會活下來，並且生下
比較多的後代，保留住這種遺傳特徵。

哇嗚，我們家大寶的
孩子也都是巨無霸！

在漫長的歲月中，以上的
過程重覆出現，大象的體
型就越變越巨大了。

大象變大不是你們的功勞，你的要求根本是佔便宜！不合理！

那……那長鼻子總是我們的功勞吧！

如果不是我們長出長長的鼻子，你們哪有強壯的鼻子可以舉重？

乖，聽祖先的話，別學那記者沒大沒小……

各位觀眾，半路殺出的始長鼻獸正在誤導大象選手！

大象演化出長鼻子，是因為體型變大後，需要更長的鼻子幫忙勾取枝葉來吃……

這也是大自然「天擇」的結果，跟始長鼻獸沒有關係。

裁判能不能公正判決？讓我們繼續看下去吧！

咦？

滴答

下雨了！

滴答

滴答

溶化

滴答

他是馬來貘，不是什麼始長鼻獸……抓住他！

冒牌貨別跑！

啊

馬來貘是生活在東南亞熱帶雨林中的草食動物。牠們有靈敏的長鼻，有點像象，但是跟象沒有關係，屬於奇蹄目貘科動物。

我的辦案心得筆記

犯罪人：馬來貘

犯罪手法：假扮成大象祖先

調查結果：

1. 大象能背負 1250～1875 公斤的重量，是動物奧運會的舉重冠軍。

2. 始長鼻獸是已知最古老的大象祖先，生活在6000萬年前，體重只有5公斤，大小像貓一樣。

3. 在漫長的演化過程中，「體型大」能幫助象的生存，可以讓牠們不容易被捕食，又能吃到更高的樹葉……所以經過「天擇」以後，象的體型漸漸變大。

4. 「天擇」是生物演化最重要的方法，這就是我們所熟知的「適者生存，不適者淘汰」。

5. 馬來貘被罰幫大象洗澡，五年內不得參加奧運。

調查心得：

　　先天有不足，後天要努力；
　　天天有進步，時時多練習。

不要放棄

彈簧腿大亂鬥

接下來是跳遠比賽，比賽開始！

1 號選手——沙漠跳鼠就位！

看我的！

咚 咚

1m

啾

啪

哇！1 號選手的跳遠成績是 1 公尺！

這個距離是跳鼠選手身長的10倍!

這麼嬌小還能跳1公尺,真不簡單!

接下來,2號選手——跳狐猴請就位!

啾

刷

啾

哇～

現在裁判正在測量選手的跳遠距離……

測量完成。跳狐猴的
成績是 10 公尺！

但是，觀眾紛紛發出噓聲。
因為跳狐猴是在樹上跳躍，
不符合比賽規定……

10公尺

咦？

啊！

嚼

嚼

：紅……紅袋鼠選手，你怎麼還躺著？接下來該你上場了……

：急什麼？反正隨便跳跳就行，我們每一次都拿冠軍！

：可是……你連熱身都沒有，待會兒要劇烈運動，很可能會受傷的！

：誰說我要「劇烈」運動？老祖宗遺傳給我們這雙腿，有天然「彈簧」，跳起來輕輕鬆鬆，根本不用「劇烈」……

袋鼠的彈簧腿

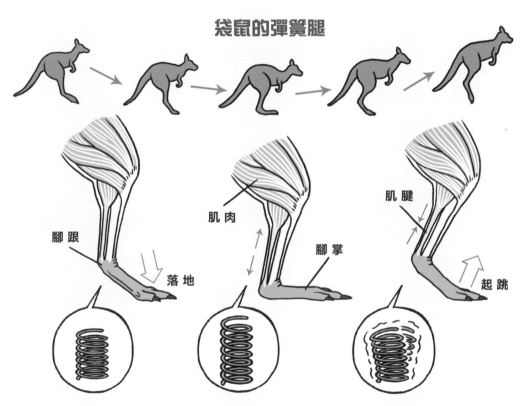

1. 腳剛落地時，肌腱是正常長度。

2. 腳準備起跳時，肌肉用力把肌腱拉長，就像拉長的彈簧一樣。

3. 肌腱像拉長的彈簧被鬆開，自動彈跳出去。

袋鼠後腿的肌腱很有彈性，就像彈簧一樣，可以儲存肌肉的力量，所以袋鼠跳躍時不用很費力，就能跳很遠。

跳遠選手小檔案

1號選手：沙漠跳鼠

代表地區：北非、中亞沙漠區

體長：10公分，但有長達15公分的尾巴。

特色：

後腳比前腳長4倍，跳躍時速可達24公里。每次跳躍距離超過1公尺，可以輕鬆躲避敵人的追捕。

> 這些跳鼠跳東跳西的，難抓死了……

> 可惡！看得到，吃不到……

2號選手：白背跳狐猴

代表地區：非洲馬達加斯加島

體長：50公分。尾巴比身體還長，可用來保持平衡。

特色：

可在10公尺寬的樹枝間跳躍，避開樹底下的天敵。手臂還長著小皮膜，會在跳躍時張開，就像滑翔翼一樣。

3號選手：紅袋鼠

代表地區：澳洲草原

體長：1～1.4公尺

特色：
每次跳躍距離達9公尺、跳躍高度達3公尺。跳躍前進時，可利用尾巴保持平衡；躲避敵人時，跳躍時速更高達60公里。

我是天生的冠軍！

4號選手：歐洲野兔

代表地區：歐洲

體長：50～70公分

特色：
後腳長又有力，奔跑時可以輕鬆跳過地面的障礙；用跳躍和快速奔跑躲開敵人時，時速可達70公里。

龜兔賽跑不公平，我不想玩～

3號！3號紅袋鼠請準備……

嘿～
我在這！

啊

我才是比賽選手！
你從哪兒冒出來的？

對呀，我們早就來報
到、熱身，怎麼突然
冒出別的選手？

叮

哼！

裁判，這是大會寄給我們的比賽通知，請看。

……

難道又是……

而且我的女朋友們全來現場為我加油……

我絕對要拿冠軍，不能讓她們失望。

加油！

愛你喲～

耶—

耶—

一定要冠軍！

想搶我女友？
先過我這關！

寶貝們別被搶走！
愛你們喔！

好帥喔～

用你最強壯的
肌肉打敗他！

最愛你了！

：誰理你呀？在袋鼠的世界，最強的公袋鼠才能擁有最多女朋友！

：難道你想挑戰我？！

：沒錯！按照袋鼠世界的老規矩，贏的人才能得到姑娘們的芳心，
留下後代！

：好，那你準備被淘汰！看我的厲害……

喂
喂

糟糕，跳遠比賽變成
拳擊比賽了！

還是野兔比較規矩，安份的等待比賽……

啊達！

我喜歡你！當我女友好嗎？

碰
飛拳
碰

可以啊，打得贏我再說！

這裡怎麼也打成一團？到底在幹嘛？

是她先打我的耶！我只是說喜歡她……

ㄉㄩㄝ～

裁判先生你讓開，我在測試他的體力……

來呀！

來追我！追上了我就跟你結婚！

啊！嚇！

哇塞！打架比比賽精采呢！

你別跑～

你跑太慢了！

天呀，怎麼亂成一團……

唉，不能怪他們，這一切都是「性擇」的結果……

性別特徵的演化

「性擇」，又稱為「性選擇」。跟「天擇」一樣，「性擇」也是推動演化的力量。不過，動物們透過性擇而演化來的特徵，跟「性別」有非常密切的關係。

公袋鼠肌肉發達

在青春期以前，公袋鼠和母袋鼠的手臂都一樣細。但是長大後，公袋鼠的胸肌和手臂肌肉開始變得比母袋鼠壯。這是因為搶太太時需要打鬥，手臂強壯的公袋鼠容易獲勝，就能得到比較多的交配機會。之後，牠們的雄性後代也會遺傳到強壯的手臂肌肉。

其實人類也跟我們一樣喔！

沒錯，男性的肌肉較強壯，也是在原始人時代經過性擇的結果。

例如，某一種動物的雄性，有些帶有 A 特徵或行為，有些沒有；如果 A 能為這隻雄性帶來更多交配的機會、生下更多後代，而且後代也能遺傳到 A 的話，那麼經過長時間以後，整個動物家族的雄性，就會慢慢的演化出 A 這種性別特徵！

而且不只是雄性，性擇也可能會發生在雌性動物身上。

歐洲野兔瘋狂追逐

每年春天，歐洲野兔總是在草原上瘋狂的追逐、打架。母兔子只願意跟追得上母兔的公兔交配，因為打得贏、追得上母兔的公兔比較健康強壯；牠們生下的後代，在大自然裡也比較容易存活，之後也會遺傳到這種行為。

性擇也會帶來麻煩

有些性擇的結果，會幫助動物繁殖後代（優點），卻同時也會防礙他們的生存（缺點）。不過，只要優點大於缺點，這些會帶來麻煩的性擇，還是會在動物身上發揮作用。

不管，就算危險也要求偶！

鳳頭鴇跳高高
在繁殖季裡，公的鳳頭鴇會在一天中大叫著並跳到空中 500 次，這樣能幫助牠們引來母鳥，但也可能引來天敵。

公青蛙唱情歌
公青蛙鼓起「鳴囊」唱歌，可以放大歌聲，吸引母蛙的注意。但天敵也會循著宏亮的歌聲抓到公蛙。

嘿嘿，我也聽到囉！

※「鴇」念成「ㄅㄠˇ」

笨重的大鹿角

公駝鹿會用鹿角打架、搶太太。但是，又大又重的鹿角會浪費公駝鹿的體力，也經常在走路或奔跑時卡到樹枝。

公螳螂的「斷頭臺」

許多公螳螂交配時，頭或全身會被母螳螂吃掉。公螳螂身體所含的養分會幫母螳螂補充營養、生下更多的蛋。

想破壞奧運的人一定很瞭解「性擇」的威力，才發出假的比賽通知，找來母野兔和另一隻公袋鼠來搗亂！

這樣就能讓跳遠比賽變得一團糟！

哼！氣死人……

袋鼠和野兔失去比賽資格！

咦？

又是搗亂的壞人寫來的信……

如何？看到跳遠冠軍的真面目了吧！牠們把跳遠的雙腿，用來當做打架的工具，根本不配當冠軍，早就應該讓出第一名的寶座！等著瞧～再過幾天，我們就會讓大家見識到，誰才應該是這個世界的跳遠冠軍！哈哈，想抓我嗎？這次的謎語是：「木頭憑空斷一截」，解開它就會知道我是誰了！哇哈哈哈……

「木頭憑空斷一截」……

難道壞人是魔法師？

嗯？

親愛的，你在做什麼？

你看我這麼壯！

啊達達達

我要先練習！誰來
跟我搶阿美，我就
踢他！

咚！

呼～

好累，還是先吃
點心補一補……

我的辦案心得筆記

犯罪人：尚未查出

犯罪手法：發出假的比賽通知，製造混亂

調查結果：

1. 紅袋鼠一步能跳9公尺遠，是動物奧運的跳遠冠軍。

2. 跳狐猴跳出 10 公尺遠的好成績，但是裁判調查後
   發現：牠的手臂長著皮膜，會在跳躍時張開，就像
   偷偷裝上滑翔翼，所以被取消比賽資格。

3. 透過「天擇」演化出來的特徵，與「生存下去」有
   關；而透過「性擇」演化出來的特徵，則跟「吸引
   異性」或「得到繁殖機會」有關。

4. 人類和袋鼠雄性的肌肉比雌性強壯，都是「性擇」
   的結果。

5. 公野兔雖然被取消比賽資格，但順利追上母野
   兔，求婚總算成功！

調查心得：

　黑白配，男生女生配；
　性選擇，贏的配一對。

誰是閃電俠

已經有三封恐嚇信了……

「比上有日出、小虫三缺一、木頭斷一截」是什麼意思呢？

請短跑比賽的選手集合！

比賽要開始了，快快快！

選手熱身結束。各就各位～

嘿咻

嘿咻

第一跑道的獵豹選手跑哪兒去了？

刷

剛才熱身時還在啊！

大概趁比賽前去補妝吧？

我看她突然收到一封信，臉色變得很難看，就跑走了！

！！啊

：誰？！是誰抓我屁股？！

：……是……我……我……呼呼……

：原來是獵豹選手！你去哪裡了？怎麼現在才出現？

：我……我……呼呼呼……

呼呼……

好熱……

怎麼喘成這樣？
臉色好難看啊！

短跑選手小檔案

1號選手：獵豹

代表地區：非洲草原　　**體型**：身高 70 ～ 85 公分，體重 34 ～ 68 公斤

特色：

身體柔軟又具有彈性，快速飛奔時步伐大、幾乎只有單腳著地，速度可達每小時 120 公里以上，只要 6 秒就能跑完 100 公尺，是陸地上的「短跑」冠軍。

2號選手：叉角羚

代表地區：北美洲　　**體型**：肩高 90 公分，體重 50 ～ 75 公斤

特色：

是陸地動物的長跑冠軍，可用 56 公里的平均時速跑上 6 公里，最快時速則能達到 97 公里。剛出生 4 天的寶寶，就能跑得比人快。被天敵追捕時，經常突然大轉彎甩開敵人。

3號選手：鴕鳥

代表地區：非洲草原

體型：身高 2.5 公尺，體重 150 公斤

特色：

不會飛，但是雙腳肌肉發達，是鳥類世界的
跑步冠軍，時速可以達到 65 公里。在無遮蔽
的空曠草原上，一旦發現敵人就會快速逃走。

4號選手：鬍頰蜥

別名：鬃獅蜥　　代表地區：澳洲乾燥地區

體型：體長 60 公分，體重 300 ～ 400 公克

特色：

受到驚嚇時，會鼓大喉部嚇走敵人。用兩隻
後腳站立快速逃跑時，時速高達 40 公里，
是爬蟲類的跑步冠軍。

5號選手：靈猠

別名：格力犬、灰狗或格雷伊獵犬

代表地區：人類居住區

體型：身高 70 公分

　　　 體重 25 ～ 40 公斤

特色：

被人類培育來狩獵或賽跑的犬種，
是狗界的賽跑冠軍，時速可達 60 ～ 72 公里。
雖然跑得很快，但平常的個性溫和文靜。

※「鬍」念成「ㄗ」、「鬃」念成「ㄗㄨㄥ」、「猠」念成「ㄊㄧˊ」

救護人員快來幫忙！

不……
不用了……

那你現在能跑嗎？
要比賽了耶！

看來不行，
她需要休息。

那只好……

先開始囉！

各就各位～

預備～

又是誰抓我屁股？！

🐆：剛才的比賽不算。我沒參加，應該重比！

🦫：不可能！剛才是你沒有辦法參加比賽，不能因為你個人的因素破壞比賽規則！

🐆：但是我又不是故意的！我使出全力衝回家，又從家裡衝回比賽場地。因為跑超過 3 分鐘，身體不小心進入「過熱」狀態，如果不停下來喘氣、散熱，就會有生命危險！

🦫：你明知道比賽就要開始了，幹嘛這麼急著跑回家？

※ 獵豹的奔跑速度很快，但不持久。當體溫因為全速奔跑而升高到 40.5℃，牠們就會停下來，以免身體因為「過熱」而死亡。

因為我收到一張紙條……

你們看。

你的孩子有危險，鬣狗已經發現牠們。

拿起太陽放頭上

所以我馬上衝回家想保護孩子……

結果發現，寶寶們根本沒事……

呼呼
咬
打

然後又趕緊跑回比賽現場……

所以身體才會負荷不了，需要休息、降溫才能恢復。

咚

飛毛腿哪裡來？

獵豹是目前地球上跑得最快的動物。牠們的身體瘦長、有力又具有彈性，這些適合快跑的構造是因為氣候劇烈變化才演化出來的。

在古代，獵豹曾經分布世界各地，包括非洲、亞洲、中國、印度、歐洲和北美洲。

當時的獵豹比較粗壯，不適合快跑，主要以偷襲的方式捕捉獵物。

用追的多累人？躲起來偷襲比較輕鬆！

可是在1萬1000年前、上一次冰期結束時，因為氣候劇烈變化，導致獵豹大量滅亡，只剩非洲和西亞有獵豹分布。

非洲的獵豹們，要好好活下去啊！

獵豹的食物也改成以草原上快速奔跑的羚羊為主。只有跑得夠快的獵豹，才能抓到獵物而存活下來。

竟然追不到，我要餓死了……

經過1萬多年「天擇」的結果，獵豹的外型和構造變得越來越適合快速奔跑。

救命啊～

到了現在，獵豹終於成為陸地動物的短跑冠軍。

應該要感謝我們吧？！

有人故意不讓我得冠軍！我是受害者……

你覺得要不要重新比賽？

新的冠軍已經誕生，重新比賽對他很不公平。

但是獵豹也很倒楣，她並不是故意棄權。

好兩難啊～

怎麼辦呢～

第三次！
我要生氣了！

你說的沒錯。但如果是在人類經營的賽狗場上，我才是數一數二的賽跑明星！

賽狗場？

這你們就有所不知了，其實我是人類培育出來的賽跑機器……

什麼？你是機器？

ROBOT

違反比賽規則……

讓我檢查……

※ 這裡「機器」的意思是：像機器一樣沒有自己的意志，只是被用來執行任務。

：打從幾千年前的古埃及時代開始，我們靈猩的祖先就被人類選中，用「人擇」方式培育成擅長快跑的獵犬，所以我們現在才這麼會跑。

：先是「天擇」、「性擇」，現在又冒出「人擇」……誰能幫我解釋一下，人擇又是什麼？

：這很簡單，且聽我說明……

此圖是義大利畫家保羅‧烏切洛（Paolo Uccello）在 1470 年的畫作。畫中快速奔跑的靈猩，是人們打獵時的重要幫手。

「人擇」與「育種」

　　「天擇」是由「自然環境」來選擇，「性擇」是由動物的「異性」來選擇。不管是天擇或性擇，都是在大自然裡，透過漫長的時間造成動物的演化。但是，「人擇」的速度就快很多。

　　「人擇」是由「人類」來選擇：人類刻意選擇擁有「人類喜歡的特徵」的動物互相交配，迅速培育出具有特定特徵的動物。這種培「育」品「種」的過程，稱為「育種」。以下以兔子為例：

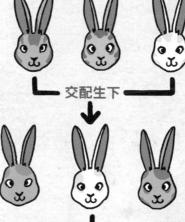

1. 人類想培育純白的兔子，所以故意選比較白的兔子來交配，生下第二代。

交配生下

2. 在第二代中，同樣挑選比較白的兔子來交配，生出第三代。

交配生下

3. 重覆同樣的方法，會得到越來越白的兔子。

幾代之後……

4. 經過幾代以後，終於得到純白的兔子，育種成功。

可能得到純白的品種喔！

我懂了！人類讓兩隻跑得快的狗來交配繁殖，培養出跑得越來越快的品種，那就是靈緹！

沒錯！

後來，我們又從獵犬變成了賽跑犬，但是婚姻大事還是一樣由人類控制⋯⋯

婚姻應該自己作主，怎麼能讓別人插手呢？

我們跟你們不同。我們長時間受到人擇培育，早就失去反抗主人的特性了⋯⋯

今天我得到冠軍，主人就會讓我跟那個跑得最快的女性結婚！

生下一堆跑得快的孩子……

孩子又生下一堆跑得更快的孫子……

那如果沒有得冠軍呢？

唉～

沒得獎的賽狗，表示跑得不夠快，就會被賽狗場淘汰……

不但沒有機會結婚、繁殖後代……

還可能無家可歸、又餓又病，想到我就……

嗚哇哇

怎麼可以這樣？!

婚姻大事應該自己決定，怎麼可以讓別人掌控？!

還好我們可以自己選。

真幸運啊！

啊

啊 啊

吱——

抱歉，麥克風忘了關。

沒關係，我幫你！

你人真好。

搔搔

你是不是想跟跑最快的女生結婚？

哈哈，對對對！

跑最快的女生就是我……

不行不行！獵豹跟狗，生不出後代……

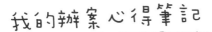

我的辦案心得筆記

犯罪人：未知

犯罪手法：發出假訊息，害獵豹錯過比賽機會

調查結果：

1. 獵豹奔跑速度超過每小時120公里，大概是人類100公尺短跑世界冠軍的3倍快。不過，牠們無法長時間奔跑，追逐獵物時通常不超過3分鐘，否則身體很容易因為「熱衰竭」而死亡。

2. 靈猩是跑得最快的犬種，被人類當做「獵犬」或「賽跑犬」。目前，動物保護人士呼籲人們收養從賽狗場「淘汰」或「退休」的靈猩，以免牠們被遺棄。

3. 獵豹能快速奔跑是「天擇」的結果，而靈猩能快速奔跑則是「人擇」的結果。

4. 靈猩被獵豹小姐「逼婚」，不可能生出後代，因為不同的物種配對無法生下具有繁殖力的後代。

調查心得：

　　靈猩好身手，是人擇的結果；
　　賽狗大明星，做人類好朋友。

靈猩快逃

決戰深海三公里

啊！有了～

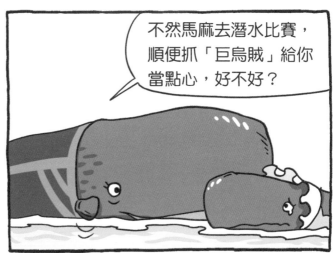

不然馬麻去潛水比賽，順便抓「巨烏賊」給你當點心，好不好？

巨烏賊……很大很大的那一種嗎？

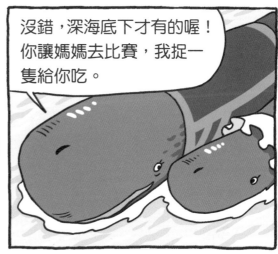

沒錯，深海底下才有的喔！你讓媽媽去比賽，我捉一隻給你吃。

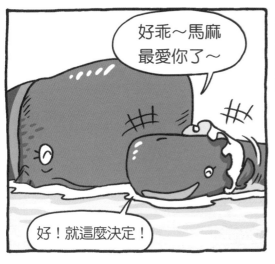

好乖～馬麻最愛你了～

好！就這麼決定！

呼～終於搞定，潛水比賽可以開始了！

請觀眾朋友鎖定比賽的精采直播！

廣告後馬上回來，不要走開喔！

糟了糟了！抹香鯨要來抓我們，我們趕快躲起來！

哼！才不要！

：竟然拿我們當寶寶零食？我們又不是「魷魚絲」！太過分了！

：我也覺得很生氣！而且聽大人說，我們巨烏賊只能躲在這種無聊的鬼地方，就是他們抹香鯨害的！

：可是抹香鯨是我們巨烏賊的頭號天敵，她會吃掉我們的！

：怕什麼？我們的潛水能力比她強。只要合作，一定可以打敗抹香鯨。啊！我有一個妙計！你們過來聽我說……%@# ○☆ ※……

：這主意真棒！時間不多了，我們立刻行動，LET'S GO！

嗯……

不行，我要回頭了……

535 m

咕嚕

我也不行了！

1280 m

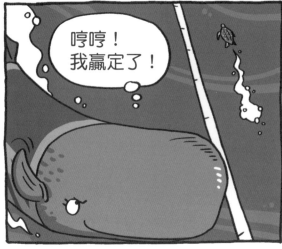

哼哼！我贏定了！

潛水選手小檔案 I

你為什麼一直冒泡泡？

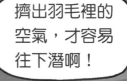

擠出羽毛裡的空氣，才容易往下潛啊！

1號選手：皇帝企鵝

代表地區：南極

體型：身高 110 公分，體重 45 公斤

特色：
飛行性的鳥類為了減輕重量，骨頭大多是中空的；
企鵝則剛好相反，擁有實心的骨骼，才方便下潛到海洋深處。
皇帝企鵝能下潛 534 公尺，是鳥類世界的潛水冠軍。

看起來都好像……
哪一個才是水母啊？

2號選手：革龜

別名：棱皮龜　　代表地區：全世界熱帶海洋

體型：最長可超過 3 公尺，體重超過 800 公斤。

特色：
以水母為主食，但有時會把飄浮的塑膠袋看成水母吃掉。
潛水深度可以超過 1000 公尺，是爬蟲類的潛水冠軍。

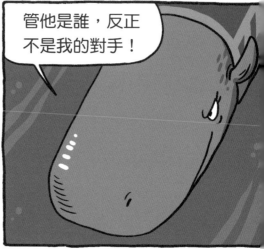

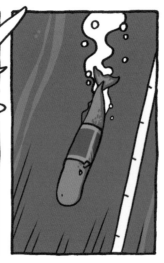

這裡這裡！

還有這裡~

好啊！正要抓你們，竟然自己送上門來！

：想抓我們沒這麼容易！我們巨烏賊本來可以開心的住在淺海，享受溫暖的陽光和美麗風景。都是你們抹香鯨害的！為了躲避你們的追殺，我們才被迫住在這片冷冰冰又黑漆漆的海洋深處！

：誰都知道這是「共演化」的結果，又不是我的錯！要怪就怪我的祖先，納命來吧！

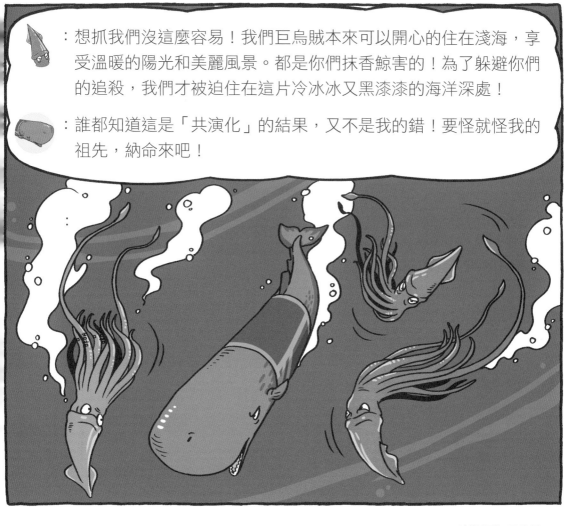

抹香鯨與巨烏賊的「共演化」

抹香鯨是巨烏賊的天敵，而巨烏賊是抹香鯨的重要食物。牠們對彼此的生存影響重大，所以其中一方的演化，會帶動另一方也跟著演化，這種關係稱為「共同演化」或「共演化」。

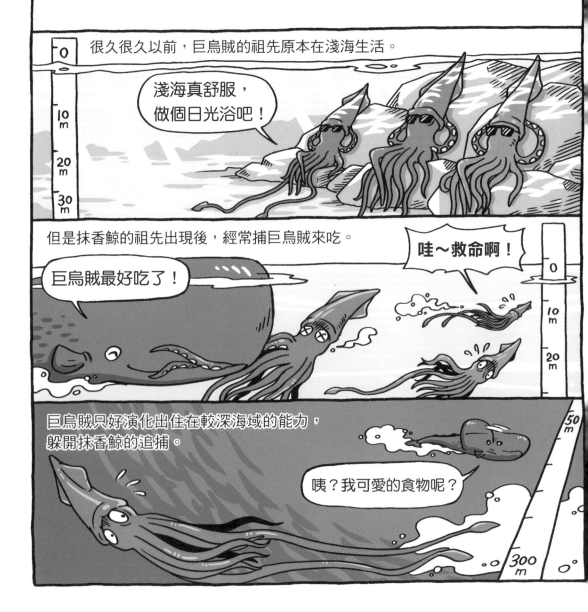

很久很久以前，巨烏賊的祖先原本在淺海生活。

淺海真舒服，做個日光浴吧！

但是抹香鯨的祖先出現後，經常捕巨烏賊來吃。

哇～救命啊！

巨烏賊最好吃了！

巨烏賊只好演化出住在較深海域的能力，躲開抹香鯨的追捕。

咦？我可愛的食物呢？

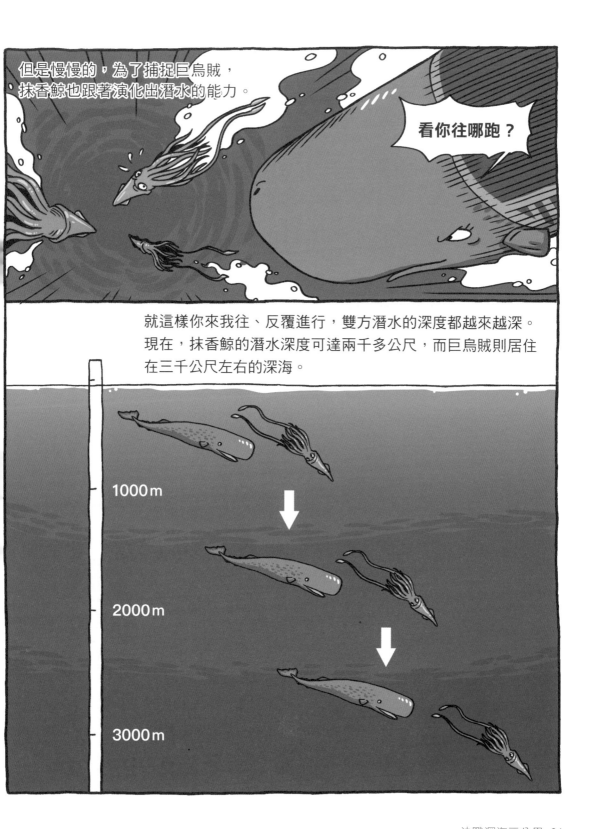

但是慢慢的，為了捕捉巨烏賊，
抹香鯨也跟著演化出潛水的能力。

看你往哪跑？

就這樣你來我往、反覆進行，雙方潛水的深度都越來越深。
現在，抹香鯨的潛水深度可達兩千多公尺，而巨烏賊則居住
在三千公尺左右的深海。

1000m

2000m

3000m

今天讓你見識見識我們的厲害！

少一隻抹香鯨，我們就多點回到淺海的機會！

在古代，人們很少在海面看見巨烏賊。但是後來，抹香鯨被捕鯨船大量捕捉後，巨烏賊在淺海出現的目擊紀錄就增加了。

廢話少説！
我只不過是想餵飽孩子！

呀！

喂，按照我們說好的計劃進行……

沒問題！

想逃？門都沒有！
我很快就能追上你們……

咻

刷

答應寶寶的事，
我一定説到做到。

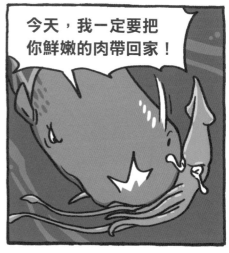

今天，我一定要把
你鮮嫩的肉帶回家！

嘿嘿，
是嗎？

看這邊，現在的
深度多少了⋯⋯

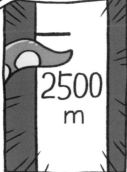

2500 m

啊！我中計了！
他們故意把我引到
更深的深海⋯⋯

沒有足夠的時間回到
海面，你就會來不及
換氣⋯⋯

準備活活
淹死吧！

哇哈哈哈

想回頭？

※ 巨烏賊跟魚一樣，用鰓在水中呼吸。抹香鯨則用肺呼吸，須回到海面才能換氣。

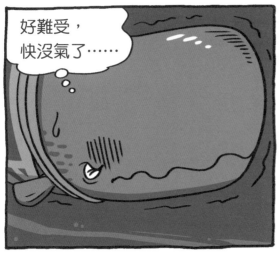

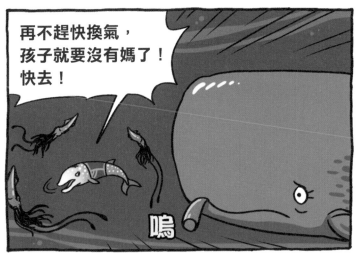

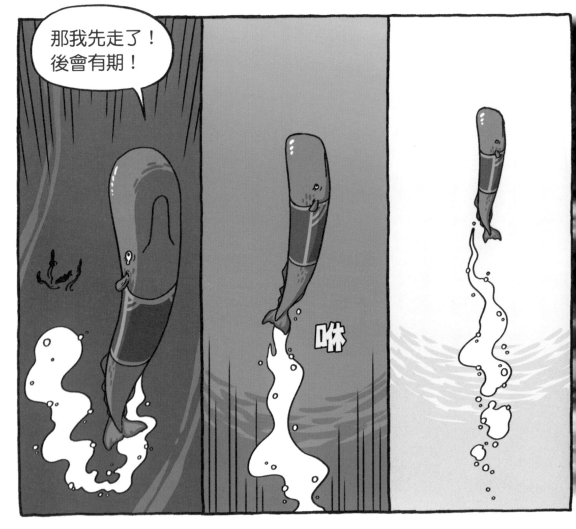

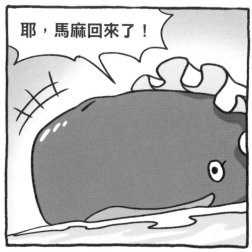

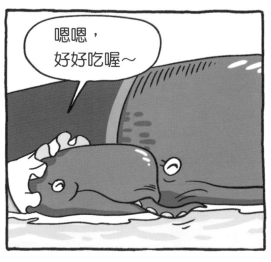

揭曉成績的時刻到了，到底誰才是這次的潛水冠軍？

根據海底攝影機傳回的潛水深度，冠軍是……

刷

刷

轉

柯氏喙鯨！

金牌	柯氏喙鯨	成績 2992 公尺
銀牌	抹香鯨	成績 2250 公尺
銅牌	革龜	成績 1280 公尺

超強！

耶～

好厲害！

難道是他……

潛水選手小檔案 II

長久以來，我們一直被認為是潛水冠軍！

3號選手：抹香鯨

代表地區：太平洋、大西洋、印度洋

體型：身長 10～16 公尺，體重 10～45 公噸

特色：

喜歡潛進深海抓烏賊吃。每分鐘能下潛三百多公尺，一次能閉氣 90 分鐘。常被認為能潛到 3000 公尺深處，但目前正式的最深潛水紀錄為 2250 公尺。

我們才是潛水冠軍，只是以前沒被發現。

4號選手：柯氏喙鯨

別名：鵝嘴鯨　　**代表地區**：全世界的深層海域

體型：身長 6～7 公尺，體重 2～3.4 公噸

特色：

性格害羞，浮出海面的時間很短，也很少出現在船隻兩旁，所以人類一直不太認識。直到最近才測到牠們的最深潛水紀錄為 2992 公尺，閉氣時間長達 2 小時又 17 分鐘，打破人們過去的觀念，是近幾年才被人類確認的潛水冠軍。

咕嚕

咕嚕

刷

你以為這次又是我們搞蛋?
大不是!柯氏喙鯨本來就是真
正的冠軍,只是被大家忽略,就
像可憐的我們一樣!
明天就是我們大顯身手的日子,
準備好接受挑戰了嗎?保證讓
世界刮目相看! 杯不喝光來 奉陪

嗯?

可惡!才説沒搞
蛋,又放煙霧彈
擾亂現場……

親愛的～那不是煙霧彈啦！

喔？不然是什麼？

快走！

是抹香鯨寶寶在便便！

噗

吃完就拉，消化也太好了吧！

嘿，你的觸手上電視了耶！

我的辦案心得筆記

犯罪人：即將現身

犯罪手法：預告將要大鬧奧運

調查結果：

1. 鳥類的潛水冠軍是皇帝企鵝；爬蟲類是革龜；哺乳類是柯氏喙鯨。其中，柯氏喙鯨的最深紀錄為2992公尺，在用肺呼吸的動物中，名列潛水總冠軍。

2. 巨烏賊又稱為「大王烏賊」。牠們居住在深海，是和抹香鯨「共演化」的結果。

3. 共演化是「兩種動物因為一方演化，另一方也跟著演化」的現象。

4. 為了捕食越躲越深海的巨烏賊，抹香鯨演化出驚人的潛水能力。

5. 鯨魚寶寶污染場地，被媽媽罰說對不起一百遍。

調查心得：

動物共演化，好像在比賽；
不能輸對手，只好變厲害。
和平誰都愛，挑戰也不賴；
競爭出高手，高手得金牌。

嚴陣以待

比上地區有日出
小虫排隊三缺一
木字憑空斷一截
拿起太陽放頭上
杯不喝光來奉陪

今天就是動物奧運的最後一天了……這些句子到底暗示著什麼呢？

會不會是在說歹徒的身分？

連我是博士都想不出來……怎麼會這樣！

咔嗞 咔嗞 咔嗞

咔嗞

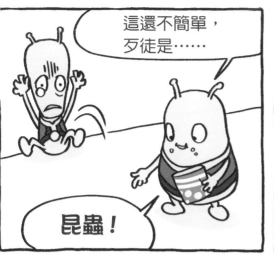

這還不簡單，歹徒是……

昆蟲！

我解釋給你們聽……

比上地區有日出 ＝ 昆
小虫排隊三缺一 ＝ 蟲
木字憑空斷一截 ＝ 大
拿起太陽放頭上 ＝ 最
杯不喝光來奉陪 ＝ 棒

你怎麼解出來的?!

蹲廁所的時候看到的呀！

字謎大全

你要不要翻翻看？

字謎大全

昆蟲選手小檔案

　　昆蟲是地球上最成功的動物家族之一。牠們的身材雖小，卻擁有卓越的運動能力。如果單純用數學等比例計算，把牠們的體型放大到和其他冠軍動物一樣的話，成績將會好到讓人覺得不可思議！

糞金龜
- 能搬動自己體重 1141 倍的重量，相當於一個 70 公斤重的人舉起 6 輛雙層巴士。
- 如果體重跟大象一樣的話，能舉起 5 千多噸的輪船。

虎甲蟲
- 每秒能跑自己身體長度 171 倍的距離，相當於一個 170 公分高的人，用 1 秒跑 200 公尺操場一圈半。
- 如果體型跟獵豹一樣，奔跑速度是獵豹的 6 倍。

沫 蟬 ●能跳到自己身長 110 倍的高度,相
當於 170 公分高的人類直接跳上
60 層的大廈。
●如果體型像紅袋鼠一樣,跳高的高
度會是紅袋鼠的 40 倍以上!

跳高比賽

咻
！

豉甲蟲 ●能一秒游自己身長 44 倍的距離,相當於
170 公分的人一秒游 74 公尺。
●如果體型跟游泳冠軍雨傘旗魚一樣,速度
會是雨傘旗魚的 3 倍,幾乎跟水底砲彈一
樣快。

游泳比賽

咻！

※「豉」念成「彳ˇ」

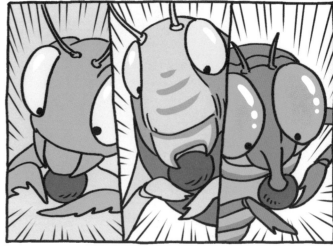

：我來了！快阻止昆蟲們吃那些放大藥丸！

：來不及了！牠們已經大鬧會場、引起恐慌，選手和觀眾都逃命去了！

：這下糟了，那些藥丸對昆蟲有害，他們吃了全部都會……

：別說了！先帶大家往大門的出口逃，動作快！

呼……

垂

嗯？怎麼突然安靜下來，沒有聲音……

不該發生的還是發生了………

唉

咦？

打開大門吧！

：怎麼會全部倒在地上？

：是因為放大藥丸有毒嗎？

：不是，他們昏倒全是因為「缺氧」造成的！

缺氧是昆蟲身體放大後，必然的結果！

我們在古代考察時發現，地球的歷史上曾經有過巨蟲的時代，尤其是「石炭紀」……

石炭紀的氧氣濃度，是現代的 1.62 倍！所以有巨大的蜻蜓、馬陸、蜉蝣、蜈蚣、蠍子……

但是後來氧氣濃度降低，使得這些巨蟲無法生存，只有體型較小的種類才能存活下來……

※ 馬陸、蜈蚣、蠍子雖然不是昆蟲，體型也一樣受到氧氣影響。

這是因為昆蟲的呼吸方式很特別。只要氧氣不夠，他們就無法維持巨大的體型；所以氧氣是昆蟲體型的「限制因子」！

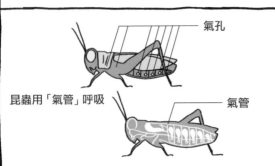

氣孔

昆蟲用「氣管」呼吸

氣管

牠們以為變大就會變強，這種想法根本不對！

演化路上的「限制因子」

　　乍聽之下，昆蟲變大好處多多，像是攻擊能力更強，也更容易抵抗天敵。但是為什麼昆蟲沒有演化出巨大的體型？那是因為有些環境因素會「限制」生物的演化，其中最強烈的限制因素稱為「限制因子」。大氣中的「氧氣濃度」，就是昆蟲體型的限制因子。

「氧氣」限制昆蟲體型的大小

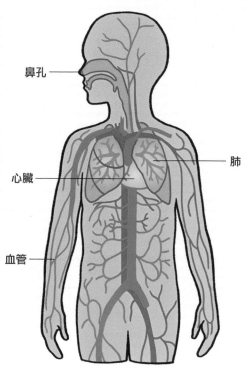

我們人類用「肺」呼吸。氧氣從鼻孔進入肺，再進入血管，由血液運送到身體的每一個角落去。

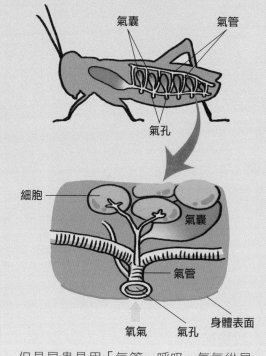

但是昆蟲是用「氣管」呼吸。氧氣從昆蟲體表的「氣孔」進入氣管，然後順著「氣管」前進到身體的各個部位，再緩慢的擴散到細胞裡去。

氧氣的濃度越高，越能進入昆蟲的身體深處。如果空氣中的氧氣濃度變低，會使氧氣無法進入昆蟲身體的最深處。所以體型較小的昆蟲，比較能夠得到足夠的氧氣。

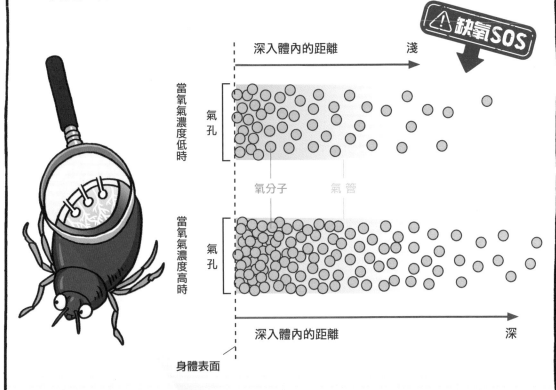

如果昆蟲的身體太大，氧氣無法進入身體的中心、深處，昆蟲就會缺氧而死。

昆蟲的體型放大，是沒辦法獲得足夠的氧氣的。

難怪他們一吃放大丸，沒多久就暈過去了……

他們會死掉嗎？

希望不要～哇～

嗚～　　嗚～

你確定你們吃了不會有副作用嗎？

可是一直這麼小也不是辦法。來，你一半我一半……

吃下以後，希望能恢復原來的大小。

喔耶！有救了！

吞

振動 振動 搖晃

嗯？震動停了？

體型沒變大啊？

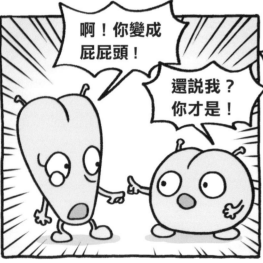

啊！你變成屁屁頭！

還說我？你才是！

我不要～

怎麼辦～

我的辦案心得筆記

犯罪人：虎甲蟲

犯罪手法：研發放大藥丸，大鬧動物奧運會

調查結果：

1. 昆蟲中的短跑冠軍是虎甲蟲，舉重冠軍是糞金龜，跳躍冠軍是沫蟬，游泳冠軍則是豉甲蟲。

2. 限制動物演化最強烈的環境因素，被稱為「限制因子」。昆蟲用「氣管」呼吸，所以無法演化出巨大體型的限制因子，就是空氣中的氧氣濃度。

3. 不同大小的動物運動成績，不能直接按照等比例放大或縮小來計算，還要考慮不同動物的身體特性。

4. 動物奧運結束後，兩位外星人和昆蟲們都恢復原形。昆蟲放棄了放大體型的念頭，未來將舉辦「微小動物奧運會」，歡迎體型渺小的動物參加。

心得：

親愛可愛的昆蟲兄弟，
別為自己的渺小嘆氣，
其實你們的多才多藝，
全世界根本不曾忘記。

奧運再會

歡迎來到冰河時期

小博慢點，
小心跌倒！

馬上就要看到團長養的冰河動物，我太興奮啦！

吱

啊？

所有動物都消失了！

跑到哪裡去啦？

為何冰河動物們會神祕消失呢？　　　　　　　　　　　　**請看下集分解**

1 連連看，圖中的動物發生了哪一種演化？

●   ● 共演化

●   ● 性　擇

●   ● 人　擇

●   ● 天　擇

2 以下哪些是「性擇」帶來的麻煩？

答：_____

❶ 鳳頭鴴跳高高被天敵看到。

❷ 公青蛙唱情歌，不小心被天敵發現。

❸ 鹿角容易卡到樹枝。

❹ 獵豹跑太久，上氣不接下氣。

3 說說看，下面的敘述哪些是正確的？

答：_____

❶ 昆蟲是用「氣管」呼吸。

❷ 石炭紀有巨型的昆蟲。

❸ 古代巨蟲因氧氣濃度降低而消失。

❹ 昆蟲體型的限制因子是「氧氣」。

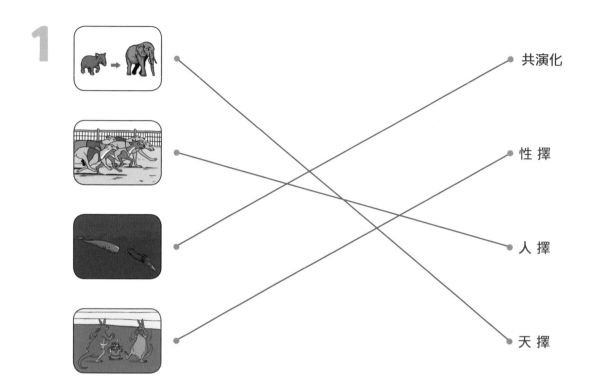

共演化

性 擇

人 擇

天 擇

2

3

● 你答對幾題呢？來看看你的偵探功力等級

答對一題 ｜ ☺ 你沒讀熟，回去多讀幾遍啦！

答對二題 ｜ ☺ 加油，你可以表現得更好。

答對三題 ｜ ☺ 太棒了，你可以跟達克比一起去辦案囉！

達克比辦案❽

驚魂奧運會 物競天擇與適應

作者	胡妙芬
繪者	柯智元
達克比形象原創	彭永成
責任編輯	林欣靜、張玉蓉
美術設計	蕭雅慧
行銷企劃	陳雅婷、劉盈萱

天下雜誌群創辦人	殷允芃
董事長兼執行長	何琦瑜
媒體暨產品事業群	
總經理	游玉雪
副總經理	林彥傑
總編輯	林欣靜
行銷總監	林育菁
主編	楊琇珊
版權主任	何晨瑋、黃微真

出版者	親子天下股份有限公司
地址	臺北市 104 建國北路一段 96 號 4 樓
電話	(02) 2509-2800
傳真	(02) 2509-2462
網址	www.parenting.com.tw
讀者服務專線	(02) 2662-0332 週一～週五：09:00~17:30
讀者服務傳真	(02) 2662-6048
客服信箱	parenting@cw.com.tw

法律顧問	台英國際商務法律事務所 • 羅明通律師
製版印刷	中原造像股份有限公司
總經銷	大和圖書有限公司　　電話：(02) 8990-2588
出版日期	2020 年 4 月第一版第一次印行
	2024 年 7 月第一版第十九次印行
定價	320 元
書號	BKKKC147P
ISBN	978-957-503-571-6（平裝）

訂購服務

親子天下 Shopping｜shopping.parenting.com.tw
海外 • 大量訂購｜parenting@cw.com.tw
書香花園｜臺北市建國北路二段 6 巷 11 號　電話：(02) 2506-1635
劃撥帳號｜50331356 親子天下股份有限公司

國家圖書館出版品預行編目資料

達克比辦案 8, 驚魂奧運會：物競天擇與適應
/ 胡妙芬文；柯智元圖. --
第一版. -- 臺北市：親子天下，2020.04
144 面；17×23 公分
ISBN 978-957-503-571-6（平裝）

1. 生命科學　2. 漫畫
360　　　　　　　　　　　　109003122

p.72 By Paolo Uccello - 1. Web Gallery of Art:
Image Info about artwork 2. The Ashmolean
Museum, University of Oxford, Public Domain,
https://commons.wikimedia.org/w/index.
php?curid=7745217